U0215919

不可思议的 万物变化

能量传递

[澳] 萨莉·摩根　著

[荷] 凯·科恩　绘

吕红丽　译

中国农业出版社
农村读物出版社
北　京

图书在版编目（CIP）数据

不可思议的万物变化.能量传递 ／ (澳) 萨莉·摩根
著,(荷) 凯·科恩绘；吕红丽译.—北京：中国农
业出版社，2023.4
  ISBN 978-7-109-30385-0

  Ⅰ.①不… Ⅱ.①萨…②凯…③吕… Ⅲ.①自然科
学－儿童读物②能－儿童读物 Ⅳ.①N49②O31-49

  中国国家版本馆CIP数据核字(2023)第028815号

Earth's Amazing Cycles: Energy

Text © Sally Morgan

Illustration © Kay Coenen

First published by Hodder & Stoughton Limited in 2022

Simplified Chinese translation copyright © China Agriculture Press Co., Ltd. 2023

All rights reserved.

著作权合同登记号：图字01-2022-5148号

中国农业出版社出版
地址：北京市朝阳区麦子店街18号楼
邮编：100125
策划编辑：宁雪莲 陈 灿
责任编辑：全 聪 文字编辑：屈 娟
版式设计：李 爽 责任校对：吴丽婷 责任印制：王 宏
印刷 北京缤索印刷有限公司
版次：2023年4月第1版
印次：2023年4月北京第1次印刷
发行：新华书店北京发行所
开本：889mm×1194mm 1/12
印张：$2\frac{2}{3}$
字数：45千字
总定价：168.00元（全6册）

目 录

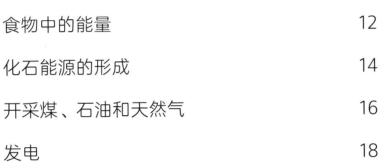

什么是能量

生命只要存在，就需要用能量去维系。植物和动物（包括人类）的生长和繁殖都需要能量。人们给家里供暖需要能量，做饭需要能量，机器运转也需要能量。

能量的使用

水是一种物质，我们可以看得见、摸得着；而能量与水不同，我们是看不见、摸不着的。能量能够赋予我们活动的能力。抬起手臂时，肌肉必须活动，肌肉活动时就需要消耗能量。我们可以把能量想象成金钱：想要买东西就需要花钱；能量也是如此，你想要活动就需要耗费一定能量。

夜幕降临后，需要消耗大量电能来照亮我们的城市。

骏马奔跑时，需要消耗大量能量才能快速移动四肢。

太阳的能量

　　地球上的大部分能量都来源于太阳。太阳为大气层提供了热能，因此我们会感到温暖；太阳为植物提供了光能，因此植物能够自己合成食物。动物吃了植物合成的食物，有了能量，才能四处活动。动物、植物的生存还需要水。水在地球上可以不断循环利用，形成水循环。但是，能量与水不同，能量是不可以在地球上循环利用的。植物和其他生物吸收了太阳的能量后，这些能量通常会以热能的形式散发到环境中去。

太阳1秒钟内释放的能量相当于大约20亿个发电厂1年所产生的能量。

能量的形式

　　能量有多种不同形式。动能是指物体因运动而具有的能量。势能是指物体由于所处的位置或弹性形变等而具有的能量。例如，把一个物体高高举起，这个物体就具有势能。化学能是物质发生化学反应时所释放的能量。化学能只有在发生化学变化时才释放出来，转换成热能、电能或者其他形式的能量。例如，储存在食物和燃料中的能量都属于化学能。

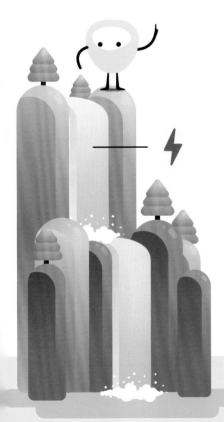

水随瀑布飞流而下时就具有了动能。

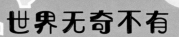

世界无奇不有

问 你知道太阳1秒钟能释放多少能量吗？

答 难以想象的巨大能量。按照2019年美国的能源使用水平计算，理论上太阳1秒钟所释放的能量足够美国使用370万年！

5

能量的转换

能量守恒定律是一条重要的科学定律。根据这条定律，能量既不会凭空产生也不会凭空消失，但可以从一种形式转换为另一种形式，也可以从一个物体转移到另一个物体。

电能

电能是一种常见且实用的能量形式。打开电灯开关，电流进入灯泡后，电能就被转换为光能。在平板电脑上观看视频时，电能便转换为声能。

化学能

将电池接入电路中，储存在电池内的化学物质的化学能就转换为了电能，可以为智能手机、电动牙刷和其他电气设备供电。

风力涡轮机可以将动能转换为电能。

打开平板电脑后，电能以光、声、热的方式被我们感知，最终这些都会转化为热能耗散在环境中。

能量浪费

能量从一种形式转换成另一种形式时，会浪费一些能量。例如，打开电灯，一部分电能转换成有用的光能，还有一部分电能转换成热能散失到环境中，这些热能并没有能够被我们利用，这就造成了能量的浪费。再如，汽车发动机燃烧燃料释放能量，带动车轮转动，然而多达2/3的能量（例如汽车排气管中排出的热气）未被有效利用，散入空中，造成浪费。根据能量转换效率，我们就能了解能量的有效利用情况。

赛车运行时发动机会产生大量的废热，这些废热从排气管中排出，以防发动机过热。

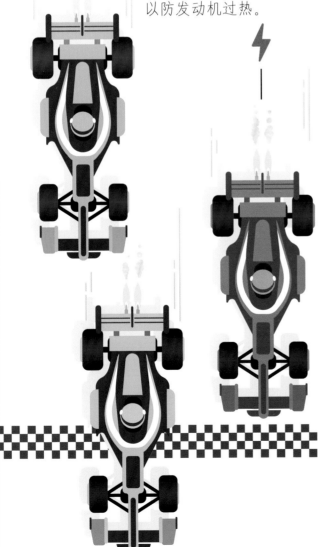

世界无奇不有

问 自行车是否比汽车能量转换效率更高？

答 是的。骑自行车的人转动踏板所使用的能量几乎全部（约95%）转换为转动车轮的动能，而大部分汽车能量转换效率低，只有 30% 左右。

光能与植物

植物能够吸收太阳产生的光能，并利用光能合成食物。

吸收光能

植物的叶子之所以呈绿色，是因为里面含有光合色素，叫做叶绿素。植物通过光合作用合成食物，叶绿素是这一过程中必不可少的物质。植物在光合作用中，通过叶绿素吸收光能，将光能和从空气中吸收的二氧化碳以及从土壤中吸收的水分相结合，合成糖类（如淀粉）等食物。植物在进行光合作用的过程中会释放氧气，大部分氧气进入大气层中，供动物呼吸。

植物进行光合作用时，从空气中吸收二氧化碳并释放氧气。

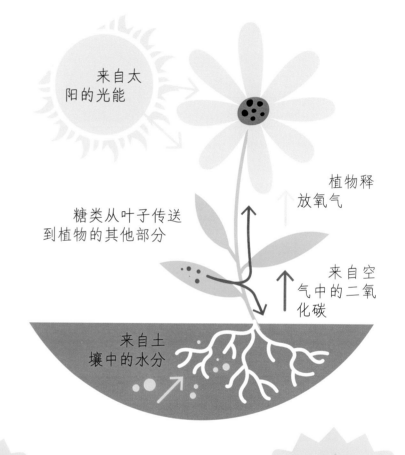

来自太阳的光能

植物释放氧气

糖类从叶子传送到植物的其他部分

来自空气中的二氧化碳

来自土壤中的水分

有了在光合作用过程中合成的糖类作为能量，向日葵开出了鲜艳的花朵。

碳含量

碳是一种元素，像氢和氧一样，存在于所有生物中。富含碳的物质能够储存大量能量，例如糖类。脂肪的碳含量比糖类高，因此储存的能量更多。

> 胡萝卜的根储存着淀粉，可以食用。

呼吸作用

动物和植物的细胞需要能量时，会通过呼吸作用分解糖类，释放能量。细胞利用这些能量生成新物质。这一过程几乎完全与光合作用相反：光合作用中，植物利用二氧化碳和水合成糖类；而在呼吸作用中，糖类被氧化分解。

世界无奇不有

问 照射在叶子上的光能，植物能利用多少？

答 只能利用少量。照射在植物上的光大部分都被叶子反射出去了，最高效的植物也只能利用大约 4%，大部分植物只能利用 1% ~ 3%。

9

食物链

人类和其他动物都不能在自己体内合成食物，因此需要从现成的食物资源，如植物和其他动物中，获取能量。

食物生产者

食物链是指生态系统中各种生物之间由于摄取食物而形成的关系。植物是食物的生产者，处于食物链的末端，只能等着被动物吃掉。

在这条食物链中，能量从一种生物转移到了另一种生物中。

1 植物利用来自太阳的光能合成食物。

2 食草动物（如这只蚱蜢）以植物为食。

3 小型食肉动物（如这只青蛙）以食草动物（如蚱蜢）为食。

狮子处于食物链的顶端，是当之无愧的捕猎高手。

能量传递

食草动物吃掉植物时，便获得了植物体内储存的能量。食草动物被食肉动物吃掉时，能量再次从食草动物传递到食肉动物体内。食肉动物有可能被另一只食肉动物吃掉，能量又一次传递。每次能量传递时，只有10% ~ 20%的能量得到了转移，其余的能量在传递过程中丢失。例如，食草动物可能不会吃掉整株植物，因此这株植物的能量未被全部利用。

4 大型食肉动物（如这只蛇）以小型食肉动物（如青蛙）为食。

5 位于食物链顶端的食肉动物（如这只鹰）一般不会被其他动物捕杀。

世界无奇不有

问 你知道最长的食物链是什么吗？

答 海洋食物链。微小的浮游植物是食物的制造者，也是小型浮游动物的食物。浮游动物是小鱼的食物，而小鱼再被大鱼吃掉。大鱼成为海豚或海豹等捕食者的口中食，最终海豚或海豹等捕食者又有可能成为大鲨鱼的美餐。

海豚以鱼为食，而海豚有可能成为鲨鱼或虎鲸等大型捕食者的美餐。

食物中的能量

食物中含有糖类、脂肪、蛋白质、水、无机盐和维生素等营养物质。这些都是我们身体所需的营养物质，糖类、脂肪和蛋白质可提供能量。

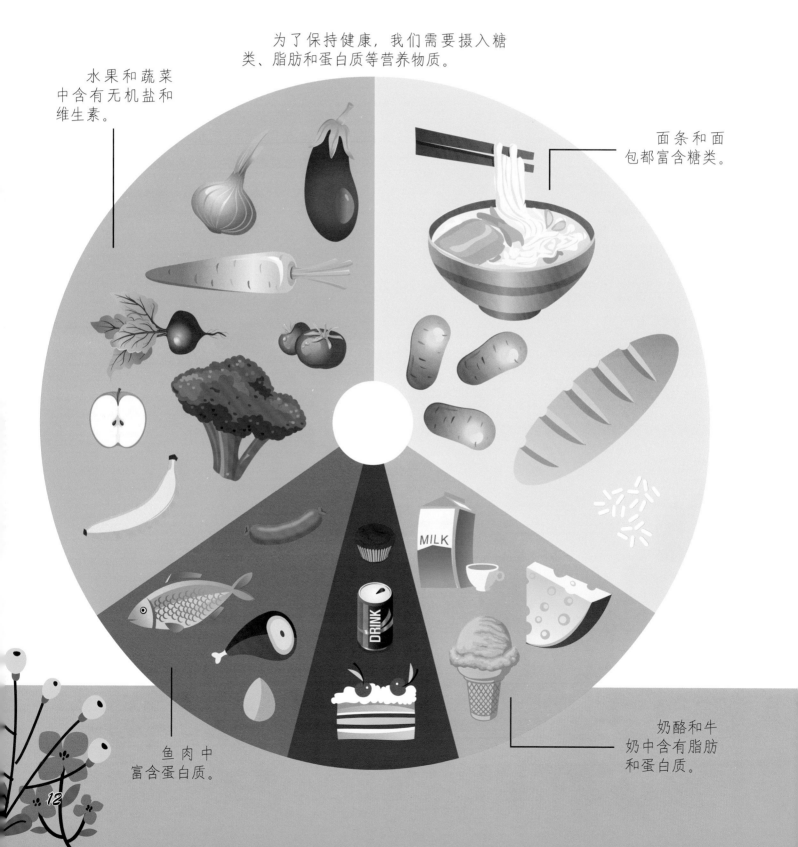

为了保持健康，我们需要摄入糖类、脂肪和蛋白质等营养物质。

水果和蔬菜中含有无机盐和维生素。

面条和面包都富含糖类。

鱼肉中富含蛋白质。

奶酪和牛奶中含有脂肪和蛋白质。

能量含量

食物中能量的含量取决于该种食物中糖类、脂肪和蛋白质的含量。通常以千焦为单位衡量食物中所含的能量。食品标签上通常会标注特定食品中所含能量的大小。脂肪的能量大约相当于等质量糖类能量的两倍。高脂肪食物中能量含量高，因此不宜多吃。

能量过剩

吃进肚子里的食物消化后被身体吸收。食物产生的能量为日常活动提供动力，如身体运转、四处活动以及做各种运动。但是如果摄入的能量过多，身体就会把多余的能量以脂肪的形式储存起来以备后用。如果不控制食量，身体中就会堆积厚厚的脂肪，导致体重超标。如果摄入的能量太少，身体耗尽储存的能量，体重就会下降。

世界无奇不有

问 你知道 1 个孩子每天需要摄入多少能量吗？

答 就 10 岁的孩子来说，平均每天需要摄入 8000 ~ 8500 千焦的能量才能维持正常活动，当然这只是一个参考，具体摄入量取决于诸多因素，如活动量等。

化石能源的形成

有些动植物的遗体无法分解，埋藏在地下，经过数百万年的演化，就形成了煤、石油和天然气等化石能源。

煤的形成

煤是由埋在泥泞沼泽中的植物，尤其是树木遗体形成的。数百万年的时间中，植物遗体不断堆积，下沉、挤压。首先，植物遗体变成泥炭；然后，经过数百万年的挤压，泥炭逐渐演变成褐煤、烟煤或无烟煤（见第16页）。

地热和压力

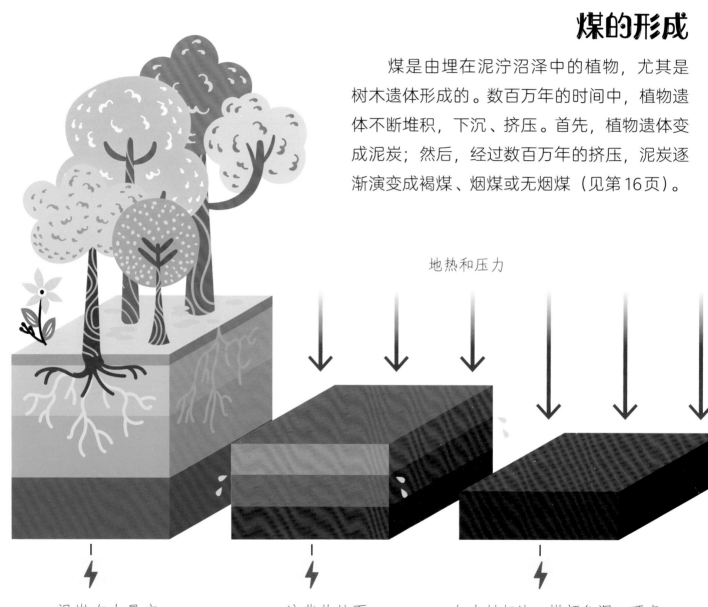

泥炭在水量充足的沼泽中形成。

这些从地下挖出的泥炭块，可以燃烧。

与木材相比，煤颜色深，硬度大，碳含量高，因此燃烧时释放的热量更多。

石油和天然气

石油和天然气是由水生生物遗体演变形成的。水生生物死亡后，遗体沉降到水底，很快被埋进泥层下。泥层压在生物遗体上形成巨大压力，遗体演变成液体，即原油。天然气也是这样形成的。

原油来自地下，是一种黏稠的液体，呈深褐色或黑色。

能量丰富

化石能源中碳含量丰富，因此储存了大量能量。化石能源燃烧时，空气中的氧气与碳发生反应生成二氧化碳，并释放热量。这种热量用途广泛，可用于供暖、烹饪食物和发电站发电等。

世界无奇不有

问　什么是油页岩？

答　油页岩是一种富含油母岩质的岩石。人们将油页岩从地下挖出，粉碎、加热，从中提炼出人造石油。

人们将这片油页岩进行粉碎并加热，从中提取人造石油。

开采煤、石油和天然气

世界许多地区的地下都蕴藏着煤、石油和天然气。

采煤

　　煤是一种埋藏在地下的坚硬岩石。无烟煤是煤化程度最深的煤，能量含量高；褐煤的煤化程度较浅，能量含量也较低。有些煤就埋藏在地表之下，只需在地面上挖个大洞就可以进行开采，这种开采形式称为露天开采。对于埋藏在地下深处的煤，需要先挖掘一个垂直于地面的竖井，再从竖井旁挖水平隧道，才能将其开采出来。

无烟煤燃烧时比褐煤燃烧时产生的烟少，因此对空气的污染更小。

人们使用巨型机器在露天煤矿采煤。

石油和天然气

石油和天然气存在于地下的含油岩层中，如砂岩、页岩（见第15页）和石灰岩。这些岩石上有很多小孔，里面充满了石油。陆地之下有石油，海底也有石油。开采石油和天然气时需要打井，将油、气从地下泵出。原油是多种物质的混合物，开采出来后需要送往炼油厂进行分离，提取汽油、柴油和沥青等。

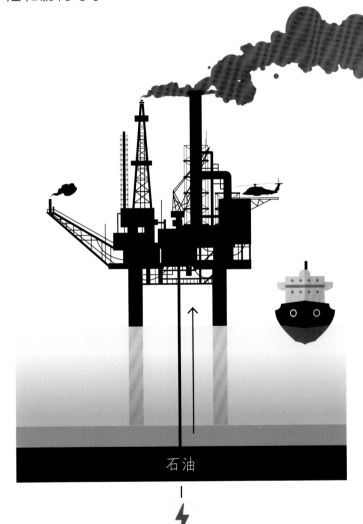

石油

工程师在海上架起钻井平台，就可以在海上钻井获取石油。

世界无奇不有

问 你知道天然气为什么有一股臭味吗？

答 天然气本身没有气味。这意味着，如果天然气发生泄漏，人们便不易察觉。天然气遇火又会爆炸，危害极大。于是，为了能够快速探测出天然气泄漏并及时检修，人们在天然气中添加了一种带有臭味的气体，因此天然气闻起来有一股臭味。

发电

世界上大部分的电力都是由燃烧化石能源的发电厂生产的。发电过程就是将其他形式的能量转化为电能的过程。

煤体积很大，人们通常需要用火车把煤从煤矿运送到发电厂。

发电燃料

发电厂可以使用不同类型的燃料发电，如化石能源、铀和木材，也可以使用可再生能源发电，如水能、风能和太阳能。

涡轮机

涡轮机是一种带有可旋转叶片的机器，是重要的发电设备。在使用化石能源的发电厂中，燃烧燃料释放的热量，将水加热，产生水蒸气。水蒸气沿管道进入涡轮机，带动叶片旋转。涡轮机叶片旋转产生的动能通过发电机转化为电能。

涡轮机叶片可以由风、水蒸气或水驱动。这条河上的涡轮机是由水驱动的。

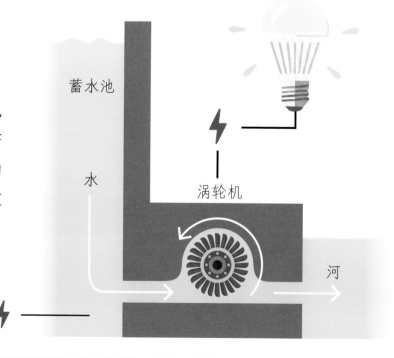

蓄水池

水

涡轮机

河

能效

　　遗憾的是，目前发电厂的能量转换效率并不高。发电时，燃料中只有大约1/3的能量转换成了电能。未来，人们也许能够更有效地利用燃料燃烧时产生的废热，比如利用这些废热为发电厂附近的家庭和工厂供暖。

世界无奇不有

问　什么是核能？

答　铀受到一种称之为中子的微粒轰击会发生裂变，这时释放的能量就是一种核能。核能一般在核电站产生。世界上大约 10% 的电力都是在以铀为燃料的核电站产生的。

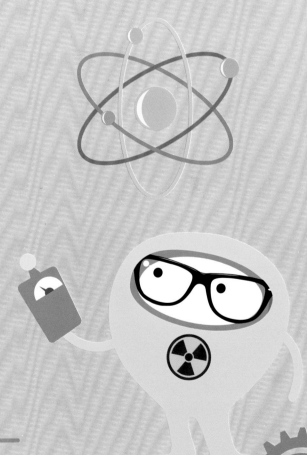

太阳能、风能和水能

我们可以直接从太阳、风和水流中获取能量，这些都是可再生能源。由于化石能源日益减少，可再生能源就显得尤为重要了。

光的利用

在阳光充足的地方（如屋顶上），放置太阳能热水器，它就能吸收来自太阳的热量，这些热量能够将水加热。还有一种转换装置称为太阳能电池，能够将太阳能直接转变为电能。

太阳

在一些阳光充足、炎热干燥的地区，人们兴建了许多太阳能发电厂。

水能

有落差的流水能产生很大的能量——落差越大，产生的能量就越大。于是，人们在河流上筑坝，从而形成人工湖。水从人工湖中流出，通过大坝中的一条管道流到位于底部的涡轮机中，推动涡轮机转动从而发电。

风能

在多风的山区和海岸沿线，随处可见由风力发电机组组成的风力发电场。风力能够带动风轮机的叶片旋转发电，再通过电缆输送到附近的城镇。小型风力发电机可以直接安装在建筑物上，为照明设备和电气设备供电。

风力发电场通常修建在沿海的浅水区。

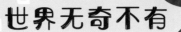

世界无奇不有

问 波浪能可以发电吗？

答 可以。波浪能发电装置可以将波浪中蕴藏的能量转化为电能。位于海岸沿线的波浪能发电装置能够捕获海浪冲击海岸时产生的能量，海浪冲进发电装置时，水将空气压入涡轮机中带动叶片转动，从而将动能转化为电能。

波浪能是一种强大的可再生能源，但是如何驾驭波浪的能量极具挑战性。

生物燃料

生物燃料是指利用生物质（如食物链中的生产者——植物）等制成的燃料。人们收割植物后，植物通过燃烧释放热量。

常见的生物燃料

木材、秸秆和竹子都属于生物燃料。植物中含有碳，燃烧时会释放大量热量。数百万年来，人们一直通过燃烧木材取暖和烹饪食物。秸秆是小麦和大麦等谷类作物收割后剩下的茎。

生物质发电厂使用木材和木屑颗粒作为燃料，获得能量。

有些发电厂用秸秆作为燃料。

能源作物

一些生长速度快的植物，如柳树、竹子和象草，可作为能源作物进行种植。这些植物生长1年左右后，人们就可收割它们的茎作为燃料。这些植物还能够重新生长，人们就可以反复收割它们用作燃料。

油料作物的种子

许多油料作物（如油菜、油棕和向日葵）的种子，都富含油脂。将这些种子收集起来，能够提炼出生物柴油，生物柴油可用作汽车和其他交通工具的燃料。

世界无奇不有

问 你知道花生油可以用作发动机的燃料吗？

答 19世纪末，狄塞尔,R.发明了柴油机，并用花生油作为燃料向人们展示了他的发动机。后来，汽车才开始使用从原油中提炼出来的柴油作为动力。

许多使用柴油发动机的汽车都可以以植物油脂制成的生物柴油作为燃料。

二氧化碳浓度上升

化石能源燃烧时会释放二氧化碳。第二次世界大战（1939—1945年）结束后，全世界大量使用化石能源（特别是石油和天然气），致使大气层中的二氧化碳浓度大幅增加。

温室气体

二氧化碳是一种温室气体，能够促使大气层吸收热量。化石能源、生物燃料甚至纸张燃烧时都会释放二氧化碳，因为这些燃料中都含有碳。随着人们燃烧的燃料越来越多，释放的二氧化碳数量不断增加，大气吸收的热量也相应增加。

汽车等交通工具的发动机燃烧燃料时会释放二氧化碳。

太阳

部分能量被反射回太空。

热量从地球表面辐射到太空。

太阳的能量通过大气层传到地球表面。

由于温室气体的存在，大气层中的热量难以散出。

地球

全球变暖

大气中二氧化碳浓度上升致使地球表面平均温度缓慢升高，引发全球变暖。全球变暖对地球的气候产生了广泛影响：许多脆弱的生态环境（例如珊瑚礁和北极）发生变化；气候越来越难以预测，干旱、洪水和风暴等极端天气频繁发生。

海平面上升

由于气温升高，海水遇热膨胀，导致海平面逐渐上升。此外，冰川和极地冰盖开始融化，大量融水涌入海洋，导致低洼岛屿和沿海地区存在被淹没的风险。

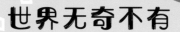

世界无奇不有

问 除了二氧化碳，还有其他温室气体吗？

答 有。除了二氧化碳以外，甲烷、氧化亚氮、氟氯烃、臭氧，甚至水蒸气都属于温室气体。腐烂的植被、沼泽甚至奶牛打嗝时都会释放甲烷！土壤中的细菌会释放氧化亚氮，工业生产过程中也会释放氧化亚氮。

可再生能源

可持续发展是现代社会的一个流行词。可再生能源是一种既能够满足当今人们的需求同时又能确保未来供应充足的能源。

伐旧植新

对于人类发展而言，使用可再生或可替换资源至关重要。木材就是一种可再生能源，因为树木被砍伐后可在原处种植新的树木。生物燃料属于可再生能源，因为充当生物燃料的作物可以重新种植，再次生长。

人们种植的树木（如针叶树）能够作为一种可再生的作物，笔直的树干可制成木材或造纸用的纸浆。这类树木生长大约30年后可砍伐，然后再重新种植。

碳中和

使用生物燃料可促进碳中和。生物燃料燃烧时也如化石能源一样，会释放二氧化碳。然而，作为生物燃料的植物生长时能够吸收二氧化碳进行光合作用。这意味着，这些植物从种子到燃料的循环中，吸收的二氧化碳量等于释放的二氧化碳量。因此，使用生物燃料可以减少大气中的温室气体，有助于抗击全球变暖。

可再生能源

风能、太阳能和水能都属于可再生能源，取之不尽，用之不竭，可供人们持续使用。可再生能源不易开发利用，但是这类能源与化石能源不同，属于清洁能源。

世界无奇不有

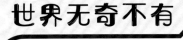

问 你知道什么是沼气吗？

答 沼气是由甲烷等多种气体构成的混合物，可由废弃食物、污水或动物粪便等在密闭的沼气池中分解、发酵制得。沼气可以用于供暖、烹饪，甚至用作汽车燃料。

节能

　　世界上的人口每天都在增加，因此对能源的需求也在增大。不幸的是，化石能源是不可再生的，总有一天会全部耗尽。因此，我们每个人都有责任节约能源，延续所剩能源的使用时间。

怎样节能

　　生活中有许多能够节约能源的小事。虽然这些事看起来微不足道，但每人做一点，便会积少成多，卓见成效。例如，不使用电气设备时就将其关闭，而不是任其处于待机状态；离开房间时随手关灯；尽量使用节能灯；多穿衣服，少开暖气。

节能灯泡消耗的能量约为传统灯泡的1/5，使用寿命是传统灯泡的6～8倍。

如果可以，尽可能步行或骑自行车上学。

多穿衣服，保持温暖。

减少出行

交通运输会消耗大量能源。例如，人们每天都会乘坐小汽车、公共汽车或地铁上学或上班；许多人乘飞机到世界各地出差或度假。我们如果尽可能选择步行、骑自行车或乘坐公共交通工具出行，减少不必要的旅行，就能为节能减排贡献一份力量。

节能车

有些汽车耗油少，相同油耗下，比其他汽车的行驶距离更远；有些电动汽车的动力来自电池而不是汽油。这些车不仅节省了能源，还减少了二氧化碳的排放量。

世界无奇不有

问 采取隔热保温措施的房屋是怎样节能的？

答 房屋的墙壁、屋顶和窗户上都有缝隙，热量很容易从中逸出。在屋顶铺设厚厚的隔热层、安装双层玻璃窗，就能减少热量的逸出，减少暖气的使用量，这样就节约了能源。

房屋的屋顶会散失掉房屋中1/4的热量。

词汇表

冰川　分布在地球两极或高山地区的巨大冰体，通常处于运动状态。(25)

捕食者　捕食其他生物的动物。(11)

柴油　由石油制得的一种燃料。(17，23)

大气层　围绕地球的整个空气层。(5，8，24)

蛋白质　生物体的重要组成成分之一，是生命活动的基础。(12，13)

淀粉　广泛存在于植物种子、果实、块茎等部位，是植物的主要能量储存形式。(8，9)

动能　物体因运动而具有的能量。(5，6，7，18，21)

氟氯烃　亦称"氟利昂"，曾广泛用于冰箱、空调的一种制冷剂。会破坏大气中的臭氧层。(25)

浮游植物　漂浮在水中的微小植物。(11)

光合作用　绿色植物利用光能将二氧化碳和水合成有机物，同时释放出氧气的过程。(8，9，27)

化石能源　由古代生物的化石沉积，经长期演变而来的能源，如煤、石油和天然气。(14，15，18，20，24，27，28)

甲烷　无色无味的气体。是天然气、沼气等的主要组成部分。是一种常见的温室气体。(25，27)

可再生能源　在自然界中能不断再生，并有规律地得到补充，不会耗尽的能源，如太阳能、风能。(18，20，21，26，27)

沥青　黑色，有的是黏稠液体，有的是固体。可天然形成或在原油加工中生产。常用来铺路。(17)

露天开采	露天进行的采矿工作。一般用于开采埋藏较浅、储量丰富的矿体。(16)	**势能**	物体由于所处的位置或弹性形变等而具有的能量。(5)
泥炭	煤的前身。沼泽植物遗体在多水和空气不足的条件下，不能完全分解，堆积形成。(14)	**水蒸气**	也称"水汽"，是气态的水。(18，25)
		太阳能电池	将太阳能转变为电能的装置。(20)
汽油	由石油制得的一种燃料。(17，29)	**糖类**	又称碳水化合物，是富含能量的物质，如淀粉。(8，9，12，13)
氢	最轻的化学元素。无色无臭无味的气体。(9)		
全球变暖	全球平均气温升高的现象。(25，27)		
生物柴油	以植物油脂或动物油脂等为原料制成的燃料。(23)		
生物燃料	利用生物质等制成的燃料，如生物柴油。(22，24，26，27)		
食物链	生态系统中各种生物之间由于摄取食物而形成的关系。(10，11，22)		

天然气	自然界中天然蕴藏于地下的可燃性气体，主要成分是甲烷。(14，15，16，17，24)	**油菜**	一种植物，种子可以榨油。(23)
维生素	食物中天然存在的微量有机物，对生物的生长和代谢有重要意义。(12)	**油棕**	一种和椰子树相似的常绿树木，果实含油量大。(23)
温室气体	大气中对热量吸收效率极高的气体。能引起温室效应。如水蒸气、二氧化碳、甲烷等。(24，25，27)	**铀**	银白色金属。有放射性，是非常重要的核燃料。(18，19)
涡轮机	一种带叶片的发动机，叶片在水力、风力或水蒸气的推动下可旋转。(6，18，21)	**元素**	也叫"化学元素"，不可再分解成更简单的物质，例如碳和氧。(9)
无机盐	人体必需的微量营养。(12)	**原油**	从油井开采出来、没有经过加工的石油。(15，17，23)
细胞	生物的基本单位。最简单的生物由一个细胞组成，如单细胞动物；复杂的生物由多个细胞组成。(9)	**脂肪**	存在于人体、动物和植物中，能供给生物体所需的热能。(9，12，13)
氧化亚氮	一种温室气体。(25)	**质量**	物体中所含物质的量，常见的质量单位有克、千克等。(12)
叶绿素	植物体中的主要光合色素，参与光合作用。(8)